本丛书入选2020年全国优秀科普作品
·青少年知识产权普及教育丛书·

创新思维与发明

国家知识产权局 / 组织编写
陈明泉 / 撰文

知识产权出版社
全国百佳图书出版单位
——北京——

图书在版编目（CIP）数据

创新思维与发明 / 陈明泉撰文；国家知识产权局组织编写 . —北京：知识产权出版社，2018.8（2024.5 重印）

（青少年知识产权普及教育丛书）

ISBN 978-7-5130-5779-0

Ⅰ . ①创… Ⅱ . ①陈… ②国… Ⅲ . ①创造发明—青少年读物 Ⅳ . ① G305-49

中国版本图书馆 CIP 数据核字（2018）第 189636 号

责任编辑：李陵书　孙　昕	责任校对：谷　洋
书装设计：研美设计	责任印制：刘译文

青少年知识产权普及教育丛书
创新思维与发明
国家知识产权局　组织编写

陈明泉　撰文

出版发行	知识产权出版社 有限责任公司	网　　址	http://www.ipph.cn
社　　址	北京市海淀区气象路 50 号院	邮　　编	100081
责编电话	010-82000860 转 8165	责编邮箱	lilingshu_1985@163.com
发行电话	010-82000860 转 8101/8102	发行传真	010-82000893/82005070/82000270
印　　刷	三河市国英印务有限公司	经　　销	各大网上书店、新华书店及相关专业书店
开　　本	787mm×1092mm　1/16	印　　张	4.5
版　　次	2018 年 8 月第 1 版	印　　次	2024 年 5 月第 4 次印刷
字　　数	65 千字	定　　价	25.00 元
ISBN 978-7-5130-5779-0			

出版权专有　侵权必究

如有印装质量问题，本社负责调换。

《青少年知识产权普及教育丛书》编委会

主　　　任｜申长雨

副 主 任｜甘绍宁

执 行 主 任｜胡文辉　诸敏刚

执行副主任｜吴　辉　李　程

编　　　委｜徐海燕　杨　非　刘启龙　段玉萍　段晓梅
　　　　　　金云翔　冯　刚　严　波　王润贵　汤腊冬
　　　　　　张华山

编者的话

青少年朋友们:

你们是否知道知识产权是怎么回事？是否晓得知识产权是怎么来的？是否明白知识产权对于相关个人、单位和国家有着何种意义？是否了解知识产权有哪些内容？这套《青少年知识产权普及教育丛书》将帮助你们找到这些问题的答案。

劳动创造了人。人类产生以后，人类劳动即不再是基于生存本能的动物活动，而成为人脑思维支配下的有意识的社会劳动。在不断解决自身生产生活难题的过程中，人类劳动不断由简单向复杂进化，推动着人类社会由低级到高级、由野蛮到文明不断发展。文明社会的演进，不但导致了人类脑力劳动和体力劳动的分工，两种劳动自身的分工也日益精细化、专业化——以发明创造为主要目的和内容的智力劳动产生了。

家庭、私有制和国家的产生，使利益关系成为社会关系的核心。如何分配智力劳动成果所产生的相关权益？前资本主义时期，是由国王或官府以特许令授权相关主体垄断性地享有某一智力成果权益的方式解决的。资本主义把社会生活的一切方面都商品化、"法治"化了，智力劳动成果权益的分配和保护自然也被商品化、"法治"化了——知识产权制度应运而生。作为知识产权制度的核心组成部分，专利制度通过以公开换保护的原则，在有效保护发明人权益的前提下，鼓励发明创造成果的运用，推动发明创造成果的社会共享，极大地激发了发明人的创新热情，促进了科学技术的迅猛发展。自知识产权制度创立以来，人类的科技发明和文艺创作成果超过了过去几千年的总和。

当今世界，随着经济全球化进程的加剧和知识经济时代的来临，拥有受知识产权保护的核心技术，不仅可以保障企业在市场竞争中立于不败之地，也是国家拥有核心竞争力的象征。知识产权已成为国家间竞争和国际斗争不可或缺的科技利器和战略资源。

我国实行改革开放四十年来，知识产权制度从无到有并不断完善，知识产权事业蓬勃发展，公众的知识产权意识不断增强，知识产权文化建设和普及教育也上升为国家知识产权战略。《国家知识产权战略纲要》提出，要加强知识产权宣传，广泛开展知识产权普及型教育，在全社会弘扬以创新为荣、剽窃为耻，以诚实守信为荣、假冒欺骗为耻的道德观念，形成尊重知识、崇尚创新、诚信守法的知识产权文化，提高全社会知识产权意识。要"制定并实施全国中小学知识产权普及教育计划，将知识产权内容纳入中小学教育课程体系"。党的十九大报告也号召我们：要"倡导创新文化，强化知识产权创造、保护、运用"。

少年强，则国家强；青年兴，则民族兴。中华民族历来非常重视对下一代的培养。青少年朋友们，你们不仅是家庭的寄托，更是国家的未来，民族的希望，实现中华民族伟大复兴的梦想寄托在你们身上。你们终将走向社会，在某一领域担当社会角色。学习、了解知识产权知识，创造并拥有自己的知识产权，熟谙知识产权规则及其运用，是你们参与全球化知识经济时代职场竞争必备的素质。2018年全国高考语文试卷纳入有关知识产权内容的阅读试题，反映了新时代中国特色社会主义建设事业对青少年创新意识和知识产权意识的迫切需求。为帮助大家系统了解并掌握知识产权基本知识，在国家知识产权局主持下，我们编写了这套《青少年知识产权普及教育丛书》（以下称《丛书》）。

《丛书》包括《知识产权基本知识》《创新思维与发明》《发明创造与专利》《商品、服务与商标》《作品与著作权》五个分册。主要阐述了以下内容：知识产权制度的产生、知识产权基本知识、知识产权保护；创新思维的养成和发明的方法；发明创造成果的专利保护、授予专利权的条件、专利权的运用和保护；商标的概念、商标注册、商标权的保护；作品与作者、著作权与邻接权、著作权的保护等内容。

由于时间仓促，编写者各有局限，《丛书》错漏之处在所难免，恳请广大读者在使用中不断发现问题，提出批评和建议，以便我们再版时不断修订完善。

青少年朋友们，让我们跟随《丛书》，一起走进五彩纷呈的知识产权世界，来探索近代以来深刻影响了人类生产生活、改变了人类社会面貌的知识产权的奥妙吧！

《青少年知识产权普及教育丛书》编委会

2019年3月

目 录

01 第一章 怎样认识创新与发明

003 1. 什么是创新

005 2. 什么是创意

006 3. 什么是创客

007 4. 什么是发明

008 5. 创新、创意、创客、发明、专利之间的关系

008 6. 对创新教育的认识

02 第二章 如何发现问题

013 1. 如何改变思维定式

016 2. 如何发现问题

03 第三章
发明类型

021 1. 思想类发明

024 2. 组合类发明

025 3. 移植类发明

04 第四章
发明选题

031 1. 分解类发明选题

033 2. 需要联想类发明选题

034 3. 主体附加类发明选题

05 第五章
思考问题的方法与训练

039 1. 加一加

040 2. 减一减

041 3. 扩一扩

042 4. 缩一缩

044 5. 变一变

- 045　6. 改一改
- 046　7. 联一联
- 048　8. 学一学
- 049　9. 代一代
- 050　10. 搬一搬
- 052　11. 反一反
- 053　12. 定一定

06 第六章
发明的步骤

- 057　1. 发明选题
- 058　2. 寻找突破点
- 059　3. 选择突破点
- 059　4. 提出技术方案
- 060　5. 实施专利检索
- 060　6. 选择当前最佳技术方案
- 060　7. 申请专利
- 060　8. 制作模型（小试、中试）
- 061　9. 完善产品，实施生产经营
- 061　10. 继续提高

第一章

怎样认识创新与发明

建设创新型国家需要创新,实现"大众创业、万众创新"需要创新。那么,什么是创新?怎么理解创新、创意、创客、发明呢?创新、创意、创客、发明这些概念及其之间的关系又是怎样的呢?

　　本章通过学习什么是创新,什么是创意,什么是发明,让学生了解创新、了解发明,知道自己也能创新,也能发明,知道要创新需要掌握的知识结构,正确地认识创新,认识发明。

发明很重要!
我能发明吗?

第一章
怎样认识创新与发明

1 什么是创新

创新，是人们为了满足自身、社会或产品等发展的需要，在现有知识结构、能力结构、思维结构的基础上，通过思维的变化，采用此前已有或未曾用过的知识、技术、手段等，按照创意的方向或为满足某种需求、实现某种效果、达到某种标准，通过发现、更新、创造、改变、实施、制作等方式，提出的具有社会价值、经济价值或个人价值的有别于常规的新观念、新理论、新概念、新思路、新创意、新方法、新产品等的活动。创新渗透到社会生活的各个方面。

创新的核心是人的创新观念和意识，创新的载体是人的思维能力，创新的方向反映的是人的想象力，创新的层次取决于创新者的知识结构。

可以说，创新就是改变，人人都能创新。

创新能力，是指在创新活动中为了实现创新目的所必须拥有的能力。创新能力主要包括：创新意向、创新品质结构，思维层次结构，知识结构和能力结构。

- **创新能力**
  - **创新意向、创新品质结构**
    - 创新观念意识
    - 创新态度：积极态度，正面态度
    - 创新的价值观、人生观、世界观、道德观
    - 创新兴趣、创新胆量、创新决心
    - 创新习惯（把创新变成习惯，养成创新的好习惯）
    - 质疑能力和批判性思维
    - 克服由于崇信权威而造成的思维定式或思维习惯
    - 突破思维障碍
  - **思维层次结构**
    - 第一层次：思维方式
      - 思维角度
      - 思维方法
      - 思维位置
    - 第二层次：思维模式
      - 思维样式
      - 思维形式
    - 第三层次：理念，包括看法、主意、念头、思想、计划、打算、意见
    - 第四层次：想象力、悟性、跨越思维
  - **知识结构**
    - 发明创造知识结构（发明类型，专利类型，发明选题，发明创造中遇到的问题，相关法律等）
    - 专业知识结构（语文、数学、化学、物理、天文、地理等专业知识）
    - 学科原理解析，知识来源解析
  - **能力结构**
    - 基本能力：语言表达能力，文字表达能力，发现问题、提出问题的能力，解决问题的能力，应用工具的能力
    - 动手能力：把想法变成现实的能力（制图、制造、试验能力）
    - 专业技能：创造知识的能力

创新思维与发明

2 什么是创意

创意，可以理解为"创出新意"，即所创出的新意或意境。一切创新都源自创意。

创意的来源是人的大脑的创新思维活动。创意可以与任何行业、学科结合。创意还可以无中生有，超越现有行业、学科，提出新的思想、新的理论。

创意的呈现一般有两种方式，即不涉及产品的创意和涉及产品的创意。

不涉及产品的创意主要有以下几种类型：

（1）前瞻（超前）创意，提出对未来的展望，例如人类怎样走向火星；

（2）颠覆式创意，提出与众不同的想法、思想，例如儒家思想；

（3）无中生有创意，敢于提出超越现实、自我的想法，例如科幻图书中的各种设想；

（4）一种设计，把设想、思考等想法变成设计方案，例如对城市道路交通的规划设想；

（5）一个猜想，提出的猜测，例如哥德巴赫猜想等；

（6）一种发现，找出本来就存在但尚未被人了解的事物和规律，例如门捷列夫发现的元素周期律；

（7）一个预言，对未来提出你的预言；

（8）一种假设，一种活动预案或者提出的假设，例如人陆漂移说；

（9）一种模型，提出一种事物新的模型，或者一个新景观的设计模型；

（10）一个概念，对已有事物提出新的概念，例如对现有产品提出新的概念；

（11）一种媒介展现，例如网络直播；

（12）一种发展思路，例如我国"一带一路"合作倡议；

（13）一种活动方案，提出一种计划、方案，例如"舌尖上的中国"专题片等；

（14）一个想象，提出新的想法，过去有，现在又有不同的想法；过去没有，想象出一个新想法；

（15）极限思考，把问题极限化，如最大、最小、最强、最快等各类极限的思考、挑战，极限设计等，如中央电视台"挑战不可能"栏目里面的每一个项目都是极限方面的创意案例；

（16）其他想到的任何方向。

你能想到的任何一个原来没有的方向也都可以作为创意的方向。

涉及产品的创意类型，一般以技术方案的形式呈现，这些技术方案的类型可以按照《专利法》所讲的三种专利类型区分为：符合发明的创意方案，符合实用新型的创意方案和符合外观设计的创意方案。

3 什么是创客

"创客"一词来源于英文单词"Maker"，是指出于兴趣与爱好，努力把各种创意转变为现实的人。

创客是把创意变为现实的实践者。

通过培养学生的创新能力，学生能够提出创意，然后努力把自己的创意变成现实，成为创客。

4 什么是发明

发明，是应用自然规律解决技术领域中特有问题而提出创新性方案、措施的过程和成果。发明的成果或是提供前所未有的产品，或是提供加工制作的新工艺、新方法。

发明中满足专利标准的新工艺、新方法等技术方案可以申请专利，获得专利授权后就可以受到专利法的保护。

怎样认识发明

（1）发明无大小。例如鞋垫、扣子等物品虽小，但都是社会生活中的必需品，需求量大、消耗量大，具有巨大的市场价值，每一项发明都在改变着我们的生活。

所谓好发明的判断标准，就是用最简单的方法解决最复杂的问题。

（2）发明的层次、水平取决于发明者的知识、能力、思维水平。

（3）发明方向无限制。发明方向具有任意性，只要符合发明的特点，符合消费者的需求就是好发明。发明方向的设计，取决于发明者的价值取向及个性需求。

（4）发明无止境。世界上的发明都已经开发完成了吗？不，发明永远都没有尽头，只是由于知识、能力的限制，人们只能在当前的认识层次上进行发明。

（5）想发明就可以随时随地去发明。

我们经常会遇到这样的观点，"现在的发明太完善了，我出生得有点晚了，假设自己早生100年，那些伟大的发明有些就是我发明的了。"你想过没有，100年以后的发明是谁发明的呢？我们现在知道的是前人的发明，我们要做的就是马上开始发明，让后人感叹我们发明的伟大。

5 创新、创意、创客、发明、专利之间的关系

通过创新产生创意，把创意变成现实，成为创客。在所有的创意中，满足发明条件的就成为发明，对于其中符合申请专利条件并获授权的发明，我们就称之为获得专利的发明创造。

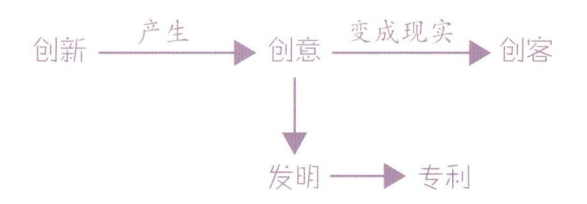

创新 —产生→ 创意 —变成现实→ 创客
　　　　　　　↓
　　　　　　发明 → 专利

6 对创新教育的认识

创新教育的核心是培养人的创新能力，学生只有拥有创新能力，才能更有利于知识学习。

发明虽然只是创新的一个方向，但我们的创新教育是以发明教育作为结果之一的。

通过创新教育能够实现的转变

我能行：让学生拥有创新观念、意识，创新意向，创新品质，改变对创新的认识，认识到"我能行"。

我能做：提高学生的思维结构、能力结构，让学生认识到"我能做"。

我会做：教给学生发明的知识结构，遇到发明的问题知道怎么做，让学生感觉到"我会做"。

我创造：一方面让学生在生活中不断进行创新，另一方面教给学生将创新与各个专业结合，在专业上有所创新，实现"我创造"。

第一章 怎样认识创新与发明

创新教育能够实现的结果

从无到有： 让学生从不能提出创意，到能提出创意，实现从无到有的突破，这个阶段要解决的问题是让学生拥有自信心，掌握发明的知识结构，掌握发现问题、提出问题的方法，了解创意的类型，知道自己可以提出什么类型的创意。

从有到优： 学生学会发现问题、提出问题，从能够提出创意，到能提出优秀的创意，这个阶段要解决的问题是提高学生发现问题、提出问题的能力，提高学生创新能力，并能够提出更多的问题，逐步提高创意的质量。

从优到质： 指导学生提出高质量的创意，这个阶段教给学生的是专利检索的知识，让学生通过专利检索，提高创意的质量。

从质到专： 教给学生将创意的方向和专业结合，在专业领域方面进行创新。

创新教育的教学目标

（1）培养学生拥有良好的道德品质，拥有创新人格、创新品质；

（2）培养学生的民族自信心，培养学生的自信心；

（3）帮助学生建立思考问题的思维结构；

（4）教给学生发现问题、提出问题、解决问题的方法；

（5）教给学生发明的知识结构，让他们知道遇到发明的问题时怎样解决；

（6）提高学生专业知识的层次，提升发明的层次。

思考与训练

（1）你对创新、创意、创客、发明有什么认识？

（2）你对创新、创意、创客、发明、专利还有哪些新问题？

（3）创新能力包含哪些方面？在创新能力方面你还缺少哪些能力？

第二章

如何发现问题

本章将告诉大家常见的思维定式有哪些，对创新的思维定式有哪些，如何改变这些思维定式，同时教给学生不仅要知道发现问题，更重要的是要学会发现问题、提出问题。

我也有思维定式，我会发现问题吗？

1 如何改变思维定式

思维定式，又称"习惯性思维"，是指人们按照习惯的、比较固定的思路去考虑问题、分析问题，表现为在解决问题的过程中所形成的比较稳定的、定型的思维。思维定式阻碍了思维的开放性和灵活性，造成思维的僵化和呆板。

常见的思维定式

常见的思维定式种类有书本定式、经验定式、权威定式和从众定式。

思维定式的形成，不利于创新思考，不利于创造，容易使我们养成呆板、机械、千篇一律的做事习惯，因此要改变思维定式。

改变思维定式的步骤

一是在态度方面，要承认自己有思维定式，要有敢于改变思维定式的信心和毅力；二是要找到自己常见的思维定式；三是要针对不同的思维定式确定不同的改变路线。

改变思维定式的方法

（1）书本定式的改进方法。

不唯书本，一切从实际出发，勇于用新的思想解决问题。

（2）经验定式的改进方法。

不为经验束缚，敢想敢做，处理问题时要跳出自己的学问、经验、知识阅历，要有初生牛犊不怕虎的精神，敢于想象。

（3）权威定式的改进方法。

不迷信权威，敢于质疑权威，提出自己的观点、思想。面对社会上的权威，我们要时刻提醒自己，他是哪个领域的权威？他对这个领域有研究吗？他的评价对我有价值吗？

许多被公认的权威，在他的专业领域内发表意见时，也要看他发表的意见是否与他自身的利益有关。

（4）从众定式的改进方法。

独立思考，敢于提出质疑，敢于提出自己的问题和设想。

分析思考

创新必须改变思维定式，想一想，除了上述提到的这四种思维定式外，你还有哪些思维定式？提出来，看怎么改进。

改变创新思维定式的方法

从创新角度，常见的思维定式有：创新与我无关，创新不是我的事，我不会创新和发明，我不能创新和发明等。

（1）创新与我无关，创新不是我的事？（回答：错）

创新是引领发展的第一动力。中共十八届五中全会提出了"创新发展、协调发展、绿色发展、开放发展、共享发展"的新发展理念，把创新摆在国家发展的核心位置。《国家知识产权战略纲要》提出在高等学校开设知识产权相关课程，将知识产权教育纳入高校学生素质教育体系；制定并实施全国中小学知识产权普及教育计划，将知识产权内容纳入中小学教育课程体系。各个学校都要开设创新和发明教育课程，创新是未来每个人必须要做的事。

创新思维与发明

（2）我不会创新和发明，我不能创新和发明？（回答：错）

创新和发明可以学，通过创新和发明教育，学生掌握创新和发明的知识结构、思维结构，学会发现问题、提出问题的方法，就能够尝试创新和发明，并能有发明成果。

改变创新教育思维定式的方法

从创新教育角度，常见的思维定式有：思维方法教育就是创新教育，创新教育是少数人的事，创新教育就是教给大家搞发明。

（1）思维方法教育就是创新教育？（回答：错）

思维方法教育在训练改变思维方面是有价值的，但其仅是创新教育的一个点，是创新能力体系中的一个点，不是创新教育的全部，不要将其功能扩大化。

单独的思维方法的教学不是创新教育的全部，也不能提高学生的创新能力，必须有一个创新能力培训体系才能提高学生的创新能力。

（2）创新教育是少数人的事，创新教育就是教给大家搞发明？（回答：错）

创新教育是普及教育，是所有人都必须接受的教育，创新教育的目的是让所有的学生都拥有创新能力。

创新渗透到社会生活的各个方面，发明只是创新的一个方面。

因此说创新教育就是教大家搞发明是不全面的，我们是以发明为方向实施的创新教育，我们希望同学们拥有创新能力以后将其应用于各个方面，在各个方面进行创新。

思考与训练

（1）你有哪些思维定式，请列出来并提出改进意见。

（2）你是怎么认识创新的？你能创新吗？

2 如何发现问题

发现问题，就是在我们的生活中，针对自身、社会现象，或者环境、某一物品，能够看到过去没有过的现象、矛盾，能够发现现在的状态和相对标准状态存在的差异，以及与人的观念意识、习惯等存在差异的方面并提出来。

在进行发明时，大家都会说要学会发现问题、提出问题、解决问题，但是如何发现问题呢？下面介绍两种发现问题的方法：一是发现"不方便"；二是提出"概念"。

发现不方便

特指针对一个产品、一个现象、一个环境等表现出的不便利、不省事、有缺陷、没有机会、不合时宜、不容易、不满意、不美观等方面提出的问题。

提出概念

就是针对现有产品，提出新的形状、新的结构，针对功能提出新的实现方式。

针对一个物品提出的新概念可能有多种提法。在提出概念阶段，不要判断提出概念的正确与错误，针对提出的每一个概念，看能不能有对应的新发明产生，用发明的结果判断该概念的价值。

事例分享

发现不方便的事例

小区收垃圾的车子将垃圾收集起来后还要压缩，但是垃圾在压缩后，液体垃圾就流出了车子，对路面造成了污染。

这个不方便可以看作是垃圾收集过程中对环境新的污染，也就是垃圾收集方法有问题。

垃圾车收集垃圾

提出概念的事例

在做饭炒菜的时候，容易产生油烟。为了消除油烟，人们发明了能抽走并排出油烟的机器——抽油烟机。

在做饭的时候产生油烟，这是大家经常见到的现象，虽然现在的抽油烟机能解决这个问题，但是我们还可以从提出概念的角度对解决这个现象提出新的概念，例如：

（1）一种不产生油烟的锅；
（2）一种不产生油烟的油；
（3）一种能吸收油烟的锅；
（4）炒菜没有油烟。

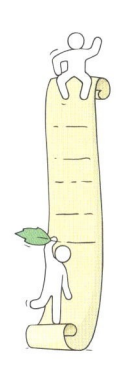

更可以针对抽油烟机使用过程中遇到的现象，提出新的概念，例如：为了防止抽油烟机碰头设计不碰头的抽油烟机——侧抽风的抽油烟机和下抽风的抽油烟机等。

为了更好地清洗抽油烟机，可以提出一种油、气分离的抽油烟机。

侧抽风的抽油烟机 　　　下抽风的抽油烟机 　　　油、气分离的抽油烟机

提出的概念越多，实施的发明就越多。

在提出概念时是没有限制的，不要局限在判断概念是否有效、对错上，我们的目的是根据概念能产生有效的发明。

思考与训练

（1）试着提出学习、生活中发现的不方便，越多越好。

（2）随机选择不少于五个物品，针对这些物品提出新的概念，越多越好。根据提出的新概念，试试看能不能有新的发明产生？

第三章

发明类型

本章选取了适合学生在学校学习阶段使用的三种发明类型，即思想类发明、组合类发明和移植类发明，分别予以介绍。

通过对发明类型的介绍，让学生知道发明就在身边，自己也能进行发明。通过对发明类型的学习，知道自己现阶段可以进行哪些类型的发明。

我能发明吗？我能做什么类型的发明？

发明类型,是指根据已有的发明,分析出这些发明存在的共同特点,对这些共同特点进行分类,以便指导我们在进行发明时选择符合我们知识层次、技术层次、能力层次的发明类型。

常见的发明类型主要有八种:思想类发明,组合类发明,设想(创意)类发明,移植类发明,技术类发明,辅助技术类发明,首创类发明,基础理论类发明。在学校阶段,学生主要了解思想类发明、组合类发明、设想(创意)类发明、移植类发明和辅助技术类发明;对于企业,增加技术类发明、首创类发明;对于科研院所,增加基础理论类发明。

对发明进行分类有利于我们分析发明、指导发明。

对学生而言,以下三种发明类型是经常会用到的。

1 思想类发明

思想类发明,包括提出思想的发明和提出技术方案的发明。

世界知识产权组织将"发明"定义为"发明是发明人的一种思想,这种思想可以在实践中解决技术领域里的特有问题"。

能提出一种想法和自己的一种思想,这些想法和思想在满足发明条件的情况下,就成了发明。

对没有掌握一定技术和一定专业知识的中小学生来说,可以选择思想类发明。就是指改变已经形成的对某一事物的固有看法、固有认识,提出新的方法、新的观念而实施的发明。

事例分享

套洗袜

你怎样洗袜子？

通常都是把袜子放在洗衣机里，每次洗完后，将成双的袜子挑拣出来往往是件麻烦事。因为经过洗衣机的洗涤，一双袜子分开了，虽然可以在洗涤之前用装饰扣将成双的袜子固定，或者把两只袜子直接结扣缠绕在一起，但是这种方法既洗不干净袜子又容易使袜子洗后变形。

怎样解决这个问题呢？

有人发明了这样的方法，在洗袜子之前，将成双袜子的脚后跟部分分别穿过配对袜子袜口处的口子，一拉形成活结，这样一来，可以在洗的过程中保持配对；洗完后，可以方便解开晾在一起。

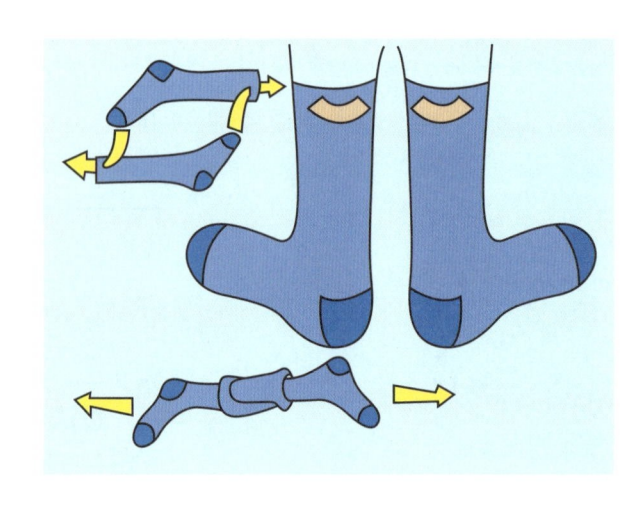

这种袜子可以称之为套洗袜，可以有效地解决前述问题。这种袜子在生产过程中，只需在成双的每只袜子袜口处留下一道口子即可。

这种套洗袜的发明就属于思想类发明，也就是只要产生这种想法，这个发明就可以实现。

创新思维与发明

新型客车外观

现有公交车的外观，前脸的形状是方形、不透明的，这样的公交车对于驾驶员来讲盲点很多。比如，在公交车的右前侧乘客上下车位置就是一个盲区，这个盲区导致的问题是乘客上、下车时，驾驶员不能准确地看清楚乘客的上、下车情况；开车时不能准确判断出是不是还有乘客在这个位置，到站时不能准确判断出这个位置有没有乘客追车等。

为了解决这个盲区的问题，汽车设计师们采用了改变后视镜反光面曲率的方法，但效果一般。

前人汽车发明家的设计给我们带来了思维定式，公交车右前侧盲区的解决为什么一定要靠后视镜的改进来解决呢？！

由济南重汽集团公司研制的新型公交车外观设计突破了现有公交车的设计理念，通过大面积透明玻璃倾斜的设计，外加后视镜，可解决公交车司机看不到乘客在车辆右前侧盲区的问题，提高了司机判断的准确性和乘客的安全性。

把汽车前部的材料变成透明的，改变汽车的外形设计，这些都属于想法，解决了现有汽车盲区的问题，这些想法带来的发明属于思想类发明。

传统的公交车前面外观　　　　　改进的公交车前面外观

思想类发明的核心是提出新的思想、新的方案。

有些想法你可能也想到过，只是没有提出来，而这些想法可能就会产生很多发明。

改变观念是最难的！从发明的角度，只有改变观念，你的发明才会有所突破。

思考与训练

（1）你是怎样认识思想类发明的？你认为它的核心是什么？

（2）试着提出你的想法，看看哪些能成为发明？

2 组合类发明

组合类发明，就是把两种及两种以上的物品组合，选择其有价值部分实施的发明，是最常见的一种发明类型。

实施组合类发明，在组合时一定要把产品的各种组合方式尽可能多地呈现出来，并选择一种最佳组合方式作为最优方案。

组合类发明中，其组合的内容可以是物的组合、结构的组合，也可以是形态的组合、概念的组合。组合的内容和方式都没有限制，组合的结果取决于发明者的知识层次和能力层次。

> 几种物品的组合也是一种发明类型呀！

第三章 发明类型

事例分享

★ 带吸管的水杯，就是吸管和水杯结构的组合。

★ 球迷眼镜，就是带望远镜的眼镜，可以看作是功能的组合。

★ 带搓衣板的水池，可以看作是搓衣板和水池概念的组合。

带吸管的水杯 　　　　球迷眼镜 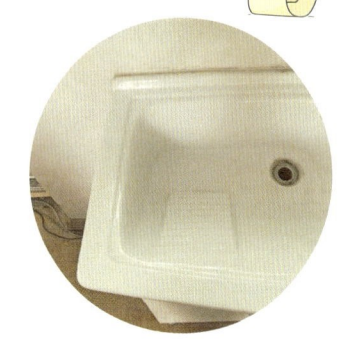　　　　带搓衣板的水池

思考与训练

（1）你对组合类发明有哪些认识？在应用时应注意哪些问题？

（2）请分析下列物品中哪些是组合类发明，同时选择下面（或自己随意列出）任意两个或两个以上物品进行组合，试试看能得到什么组合发明。

　　台灯　摩托车　黑板　桌子　铅笔　橡皮　钢笔　电脑　被子　自行车　窗子

3 移植类发明

我们在分析发明结果的时候发现，有的发明是将某一领域的原理、方法、结构、材料、用途等移植到另一个领域中去，从而产生新的发明。这种发明类型就是移植类发明。

我们在发明一种产品时,可以利用移植的思路,也就是把其他领域的原理、方法、结构、材料、用途等移植到这个产品上来,实施对这个产品的发明。

移植类发明为我们提供了一种思维模式,就是由现有结果推断新用途的思维模式,比如我们将苍蝇的眼睛结构用技术方法制作出来,运用到其他领域。

怎么移植呢?

事例分享

仿生学就是"移植"的学问。

鱼儿在水中有自由来去的本领,人们就模仿鱼类的形体造船。

苍蝇的眼睛是一种"复眼",由3000多只小眼组成,人们模仿它制成了"蝇眼透镜"。"蝇眼透镜"是用几百或者几千块小透镜整齐排列组合而成的,用它作镜头可以制成"蝇眼照相机",一次就能照出千百张相同的相片。这种照相机已经用于印刷制版和大量复

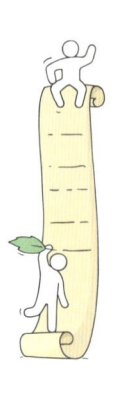

创新思维与发明

制电子计算机的微小电路，大大提高了效率和质量。

蝇的楎翅（又叫平衡棒）是"天然导航仪"，人们模仿它制成了"振动陀螺仪"。这种仪器目前已经应用在火箭和高速飞机上，实现了自动驾驶。

除了仿生学，在日常生活中把折叠软管移植到伞上，在折叠软管的内部形成可以变化的空间，将伞放在这个空间里，利用折叠软管的折叠功能形成对雨伞的打开和闭合。

软管

带套的雨伞

思考与训练

（1）你是怎样认识移植类发明的？你对移植类发明还有哪些改进的意见？

（2）用移植类发明方法，看看你能实现多少种新的发明？

第四章

发明选题

本章给同学们介绍几种符合中小学生特点的发明选题，分别是分解类发明选题、需要联想类发明选题和主体附加类发明选题，让大家能够快速地学会如何寻找与确定发明选题，以进行发明。

原来发明选题可以这样做！

第四章
发明选题

要搞发明，最大的难题是确定要发明什么，这是所有发明者遇到的最难的问题，发明选题的设计与选择是发明的基础。

设计与选择发明选题时，既要考虑个人因素、知识因素、技术因素、社会因素，又要考虑发明的方向、发明的可实施性等因素。

通过对发明选题的指导，可以快速地确定出自己的发明选题，以进行发明。

下面介绍三种适合中小学阶段的发明选题。

1 分解类发明选题

针对一个产品进行发明，当无从下手时，可以先对这个物品进行分解，然后对分解后的每一部分进行改进、完善，这类发明选题就是分解类发明选题。

我们在考虑能不能把这个产品分解时，可以是技术方面的分解，也可以是结构方面的分解、连接方式的分解，还可以是你想到的任何方面的分解；分解的方向没有限制，根据自己的知识和能力，选择自己能改进的部分实施改进，最后再将分解部分结合在一起，那么结合后的产品一定是新产品。

对于刚开始搞发明的人来讲，这可能是比较简单的方法。

事例分享

洗衣机

对于洗衣机可以运用分解的方法实施发明。

在使用洗衣机时遇到故障，比如洗衣服的时候，洗衣机突然不转了，怎么办？

你马上想到，是不是电源插座没插好，经检查发现电源插

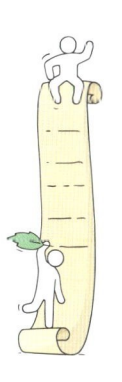

洗衣机的结构分解图

座没问题。这时可以采用分解的方法寻找问题，从电源开始，分析每一个与电源有关的部分，分解后针对每一小部分进行改进、完善，一定会解决问题。

也可对洗衣机进行分解：进水部分，出水部分，电动部分，控制部分，外观部分，连接部分，固定部分，甩干部分，加温部分，除菌部分等，然后对分解后的每一部分进行创新发明。

任何一个产品都是一个整体，这个整体由各个部分组成，有结构方面的组合，比如各个零件的结合；有技术方面的组合，比如设备的操作顺序；有工作流程方面的组合，比如设备的安装顺序等。要敢于分解，才能找到新的突破点，才能找到更好的发明选题。

分解是一种思考问题的方法，把这种方法和发明选题结合，可以解决发明中的选题问题。

思考与训练

（1）在分解时可以从结构、功能、组成部分、连接、逻辑、概念、材料等方面进行分解，你还能想到哪些分解的方向？

（2）你认为分解类发明选题还有哪些需要完善的地方？

（3）你认为哪些物品已经不能再分解了？请举例说明。

（4）针对汽车，你能分解出哪些方面？分解后会有哪些问题，可以提出哪些发明方向？

创新思维与发明

2 需要联想类发明选题

需要类发明，就是依据需要产生的发明；联想类发明，就是由于联想产生新事物的发明。

生活中，有很多"需要"，根据需要，联想到相关产品，这样产生的发明选题为需要联想类发明选题。

需要一般分为自然性需要和社会性需要。自然性需要，是指人为了延续和发展其生命所必需的，如衣、食、住、行、用等，因此又称生理需要；社会性需要，是指与人的社会生活相联系的需要，如对劳动、交往、成就、奉献的需要等。

需要联想类发明选题，就是针对人们在生活、工作中由于某种行为产生的自然性需要和社会性需要，为了满足这些需要，联想而提出的各类工具、产品、方法等的发明选题。

事例分享

★ 孩子怎样才能吃饱饭？由此联想到吃什么饭、能不能满足供应、有没有良好的制作方法、味道如何、有什么样的做饭工具和吃饭工具等。

★ 给孩子喂奶，需要控制奶瓶中奶的温度，由此联想到带有温度计的勺子、水杯，你还能联想到哪些新的工具？

吃饭 　　　　喝奶 　　　　尿床

★ 小孩尿床，如何准确地知道尿床时间，由此联想到发明一种尿床警示器，你还能联想到哪些新的报警方式？

人的需要是多方面、多层次的，有物质方面，也有精神方面。当满足了人的第一个需要后，新的需要马上就会产生。

你有哪些需要，提出来看看，会有哪些发明。

思考与训练

提出你的五个需要，看看由这些需要可以联想到哪些产品？如果当前没有这类产品，你可以此为发明选题，看看能发明出什么东西。

3 主体附加类发明选题

主体附加类发明选题，就是以一个产品为主，其他产品的功能、外观、结构等在这个产品身上叠加实施的发明选题。

这就是给一个产品增加功能！增加什么、增加多少呢？

在同质商品大量涌现的当代，人们在购买商品时，挑选的不是单一功能的商品，而是能满足人们各种追求的多功能商品，例如带照相功能的手机，带 MP4 功能的照相机等。为了满足消费者的需求，企业在产品开发时必须要增加附加功能，才能在同类产品中脱颖而出，才能满足消费者的多种需要。

创新思维与发明

产品增加了附加功能,也就是给产品增加了附加价值。

从发明角度来讲,就是针对一个产品,如何给其增加各种附加功能,进而增加附加价值。

事例分享

★ 发明的主体为洗脚盆,附加的功能是按摩和加热功能,使洗脚盆变成了具有按摩和加热功能的保健盆。

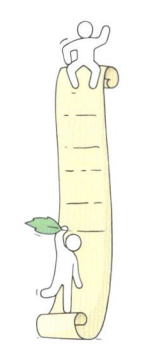

★ 发明的主体是麻将,附加的内容是《水浒传》中的人物形象,名称为水浒麻将。在麻将上还可以附加哪些新的内容呢?

具有按摩、加热功能的保健盆　　　　水浒麻将

所选的发明主体可以是自己熟悉的,也可以随意选择。主体的选择是没有限制的,可以是一个产品,也可以是一种服务,还可以是一种品牌。

附加的内容同样是没有限制的,可以根据当前的实际状况分类实施不同的附加内容,推出不同附加内容的产品。

同一个物品,既可以作为主体,也可以作为附加的内容。

思考与训练

（1）请你就主体附加类发明选题谈谈自己的感想。

（2）请你在下列物品中选择一个物品为主体，然后选择几个方向实施附加内容，试试看能得到什么新的发明？

台灯　水盆　磁铁　手机　电脑　鼠标　拖把　香水　椅子　雪糕　铅球

主体	附加1	附加2	附加3	附加4	附加5	附加6

第五章

思考问题的方法与训练

思考问题有方法，本章重点介绍十二种思考问题的方法，每一种方法侧重于思考问题的某一个角度，从不同的角度思考问题的这些方法之间又是联系的，在使用时不要分隔开来。

记住并学会运用这十二种思考问题的方法，可以提高思考问题的效率和质量。

思考问题的方法很重要！

1 加一加

现有物品能否增加什么（比如加大、加高、加长、加厚、加多、增加功能等）？能否把这一物品与别的物品结合在一起？

加一加，包括增加和扩大两种含义。加一加的方法又叫作组合法，可以分为：

（1）直接组合，就是将两种物品直接或通过简单的连接，组成一种新的产品。

（2）附加组合，就是将其中一种物品附加到另一种物品上，以其中一种物品的功用为主，在其原有的功用基础上增加新功用。

（3）形状组合，就是将一种物品的外观形状与另一种物品的外观形状加以变化进行组合，或是将一种物品的外形借代给另一种物品，形成一种新型外观的实用产品。

事例分享

地球仪灯

采用加一加的方法，把地球仪与灯结合发明了带灯的地球仪，可以做装饰灯用，还可以作为教学用具，在观看地球仪的某个位置时能看得更清楚。

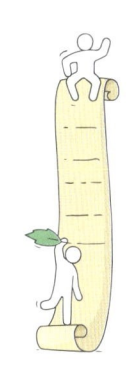

加一加，是一种发明的思路，将两个或两个以上物品加一加后可能有新的结果，产生新的发明，但也可能没有结果。

"加什么""加多少""怎么加"，完全由发明者自己确定，没有限制，最后的结果是什么，能有什么功能，取决于发明者的思想和对发明的认识。

思考与训练

（1）从下列物品中随机选择两个或两个以上物品，应用加一加方法，能有什么新的发明？

　　灯罩　扬声器　茶杯　灯泡　衣柜　阳台　鼠标　键盘　毛巾　锅　旅行箱

（2）自己选择不同的两个物品加一加，看看能得到什么新的物品？

2 减一减

现有物品能否减去些什么（如尺寸、厚度、重量等）？能否省略或取消什么？

减一减，包含两层含义，一是取消物品的某一部分，二是让物品减小，可以是形状、尺寸、厚度、重量的减少，也可以是组成、结构、功能、方法等的减少，减少的内容没有限制。

事例分享

过去的合页都是由双面铁板组成的，通过减一减发明法，在保证使用效果不变的情况下，把合页的铁板做成新型合页的样子，既可以保证合页的使用效果不变，又可以节约钢材。

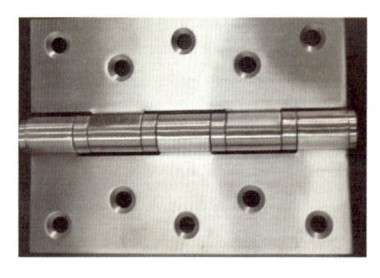

传统合页 　　　　　　　新型合页

创新思维与发明

减一减，就是想方设法地使产品简化一些。但是有一个核心，就是产品简化后，其功能并没有减少，甚至还产生了新的优点和用途。

并不是每一种物品通过减一减后都能得到积极的结果，都会有发明产生。

在应用减一减进行发明时，既要分析现有物品的结构、组成等，又要分析其现有的功能，在实施减一减的过程中，一是看原有的核心功能有没有变化，二是看有没有新功能产生，二者只要能占其一，我们的发明就有价值。

思考与训练

（1）从下列物品中随机选择一个物品，应用减一减方法，能有什么新的发明？

汽车　镜子　键盘　数据线　插座　充电器　牙刷　枕头　眉笔　冰箱　电视机

（2）自己选择不同的物品减一减，看看能得到什么新的发明？

3 扩一扩

现有物品能否放大、扩大、提高功效等？

扩一扩的方向有很多，可以是形状的，也可以是功能、用途、使用领域方面的，还可以是你能想到的任何一个方面。

事例分享

人们喜欢下象棋，更喜欢看高手之间的比赛。但是传统的象棋棋盘很小，棋子也很小，并且重要比赛在选手周围是不能有围观者的。怎样才能让更多的观众看到棋手之间的对决呢？有人发明了扩大的象棋棋盘和棋子，比如棋盘画在篮球场或足球场上，棋子放大

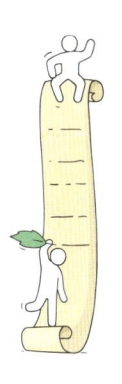

几倍甚至几十倍，便于人们观看。这种把棋盘、棋子做大的方法就是扩一扩发明法。

扩大的象棋

当你对一样物品进行扩大面积、增大声音、延长距离、延长时间、延伸长度、加高高度、增加数目、增添配料等扩增处理时，有的物品就可能会发生从量变到质变的转化，物品的功能和用途会发生一定的变化，就会有发明产生。

思考与训练

（1）在下列给出的物品中，运用扩一扩方法，能得到什么发明？

苹果 自行车 灯泡 桌椅 护肤品 梳子 袜子 衣架 日历 明信片 扳手

（2）自己选择一个物品，看看用扩一扩的方法能得到什么发明？

4 缩一缩

现有物品能不能进行压缩、缩小、微型化等处理？

通过压缩、折叠、浓缩等方法改变物体大小，所产生的新物品，其特点是功能不变，体积变小，这就是减一减的发明产物。

创新思维与发明

第五章
思考问题的方法与训练

事例分享

★ 小型组合工具就是把工具做小，可以应用于小型物品的修理、装配工作，例如手表、手机等。

★ 把生活中的物品缩小，比如小型收音机、小型电视机、掌上电脑、小型电风扇、小型打气筒、小型水果（如小西红柿）、微型机器人等，就会产生一些创新的产品。

★ 把生活中的物品压缩，比如压缩毛巾、折叠伞、拉杆天线、伸缩手杖、压缩饼干、浓缩果汁、浓缩鱼肝油丸、书籍的缩印本、袖珍词典等，也会产生一些新的物品。

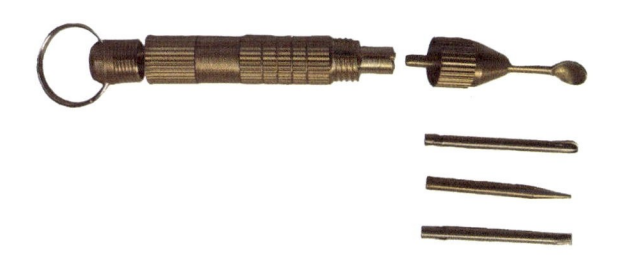

小型组合工具

任何物品都可以缩一缩，只是有些物品进行缩一缩后有效果、有价值，而有些没有价值。

能不能把一个物品缩一缩，是需要很多技术支撑的。

思考与训练

（1）针对下列物品，用缩一缩的方法能有哪些发明？

灯罩 扬声器 茶杯 苹果 自行车 汽车 灯泡 护肤品 键盘 腰带

（2）自己选择一个物品，看看用缩一缩的方法能得到什么发明？

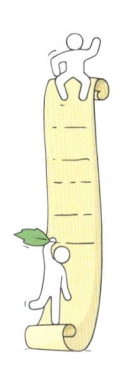

043

5 变一变

现有物品能不能改变形状、结构、气味、位置、材料等？
任何物品都可以变化，变化的方向、内容是没有限制的。

事例分享

★ 折叠水桶就是通过改变水桶的材料和形状而产生的发明，其优点是可以折叠，便于携带。

★ 电烤箱就是将电炉丝的位置从下面改装到了侧面或上面，很好地解决了食物滴油在电炉丝上冒烟和产生焦味的问题。

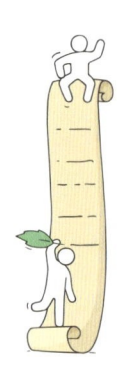

折叠水桶　　　　　　　电烤箱

变化的方向几乎无穷无尽，变化的内容极为丰富，例如改变大小、方向、功能、用途、使用方法、使用范围、材料、颜色、气味、形状、声音、体积、重量、工艺、次序、型号、浓度、密度、场合、时间、温度、强度、导电性、导热性等。

思考与训练

（1）从下列物品中选择一个物品应用变一变的方法，能有什么新的发明？

创新思维与发明

台灯　毽子　摩托车　黑板　门　拖把　雪糕　窗户　鱼缸　花盆　夜视镜

（2）选择一个物品，看看用变一变的方法能得到什么新的物品？

6 改一改

现有物品是否存在缺点和不方便？有哪些不足？

改一改，可以看作缺点列举思维法，只要是认为不方便和不足的地方，都可以提出来改进。

事例分享

自行车能运动起来，需要骑车人蹬自行车脚蹬子，施加给自行车脚蹬子的力越大，自行车运动得越快，同时脚蹬子也会承受越大的力。一般情况下，脚蹬子是最容易损坏的自行车零件。

为了延长自行车脚蹬子的寿命，我们利用改一改的方法，在脚蹬子受力部分增加材料的厚度，增强了脚蹬子的受力强度，延长了脚蹬子的寿命。

单侧加强型自行车脚蹬子　　　　　传统脚蹬子

改一改，一方面可以从改进、消除现有缺点的角度实施发明；另一方面对于有些缺点不好改进的问题，也可以改变对缺点的认识，不以克服该

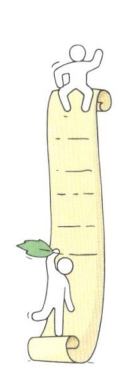

缺点为目的，相反，将缺点化弊为利，或者维持缺点现状改变其他功能，化被动为主动，化不利为有利。

思考与训练

（1）从下列物品中选择一个，应用改一改方法，能有什么新的发明？

汽车 衣服 风扇 椅子 跑鞋 勺子 音响 眼镜 钱包 电灯 洗衣机

（2）选择一个物品，看看用改一改的方法能得到什么新的物品？

7 联一联

现有物品和其他物品之间是否存在联系？把两样或几样似乎不相干的物品联系起来，看看能产生什么结果，会有哪些新的发明？

联一联，可以看作联想思维。

事例分享

用豆腐、小白菜、红烧牛肉组合，受太极图的启发做出了太极菜。

例：针对早餐这个问题，你能联想到什么？

我可以联想到生活在地球上，马上联想到太阳、月亮、星星；宇宙飞船、太空站、宇航员；银河系、太空旅游乃至外星生命……

我要做的事情：上学、上班……

吃饭：牛、羊、鸡、各种青菜、各种海鲜、各种食物……

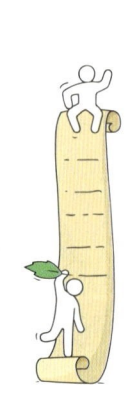

各种味道：酸、甜、苦、辣、咸……

世界餐饮：中国大餐、法国大餐……

做饭的工具：电饭锅、双层碗、鸳鸯火锅……

做饭的方法：煎、炒、烹、炸、涮、烤……

外出的工具：自行车、汽车、飞机……

锻炼身体的方法：跑步机、计步器、不倒跳高架、响声标枪……

联想到的菜形：太极形状的菜、动物形状的菜、植物形状的菜……

由太极图联想到的太极菜

联一联，所指的物品是没有限制的，可以是从一个物品联想到其他的物品，也可以是两个以上任何物品之间的联系。

联想时不要有任何的框框限制你的联想。

思考与训练

（1）飞机来了，你能联想到什么？自己选择一个物品或几个物品，看看用联一联的方法能得到什么发明？

（2）在下列给出的物品中，任意选择两个或两个以上物品，联一联看看能有什么结果？

皮筋 木头 水盆 磁铁 帽子 玩具 电脑 鼠标 拖把 香水 铅球 窗户 火车 国旗 手枪 赛车 桌子 汽车 橡皮 鱼缸 风车 花盆

8 学一学

学一学，可以看作模仿思维的运用，即能否学习、模仿现有的形状、结构、方法等从事发明。最典型的就是仿生学，例如人们模仿企鹅的行走方式发明了沙漠跳跃机；鲁班被草划破了手，他模仿野草边缘的小齿发明了锯。

事例分享

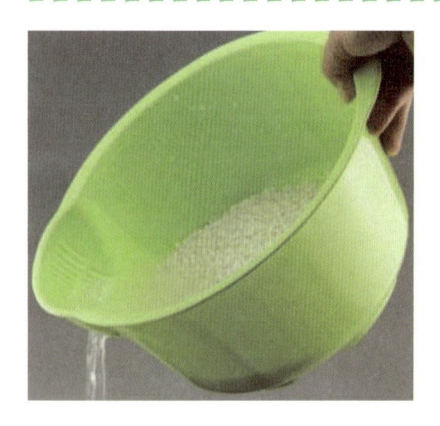

带筛面的淘米器

平常淘米时，倒水很麻烦，一不小心米就会随着水倒出来。我们模仿筛沙子的做法，把淘米桶的一侧做成筛子的样子，淘米时，从筛子一侧倒水就不会将米倒出来了。

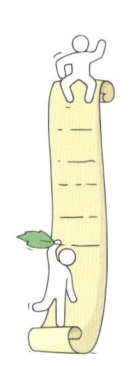

带筛面的淘米器

模仿的方面有很多，可以是原理、结构、颜色、性能、规格、方法、形式、内容的模仿，还可以是你想到的任何方面的模仿。

思考与训练

（1）假设要设计一个桌子，请用学一学的方法，从以下物品中找到想模仿的方向。

台灯 毽子 摩托车 黑板 自动笔 水盆 磁铁 帽子 玩具电脑 鼠标

（2）自己选择一个物品或几个物品，看看用学一学的方法能得到什么发明？

创新思维与发明

9 代一代

现有物品或其一部分能否用别的材料代替，或用别的制作方法代替，或用其他物品来代替？

一般情况下，用代替方法思考问题时，不要改变所代替的物品应有的效果、功能等。

事例分享

★ 井盖一般是钢铁的，可以用水泥代替。

★ 充气轮胎可以用带孔的橡胶材料代替。

★ 供大众使用的一次性水杯，可以用信封式水杯代替。

水泥材料的井盖 　　　带孔的轮胎 　　　信封式水杯

★ 钢筋水泥混凝土代替了砖材料建造了高楼大厦。

★ PVC管材代替铸铁的自来水管道，使水管的使用年限大大延长。

★ 无人机侦查代替了侦察兵。

★ 用无人机喷洒农药代替了人工喷药，提高了生产效率。

★ 手机替代了烽火，解决了远距离移动通信的问题。

★ 在湖边，传统的码头是由砖石结构建成的，现在用塑料装置做成了新的码头，并且这种码头可以按照游客数量的多少、装载货物的情况随时减小或增大码头的大小。

用塑料材料制作的新型码头

代替的结果原则上必须保证不改变物品的原有功能。

如果代替的结果出现了新的功能，那可能新的发明诞生了。

思考与训练

（1）分别用塑料、钢铁、纸等材料代一代下列物品，能得到什么结果，有什么新的发明？

灯罩　茶杯　自行车　汽车　灯泡　镜子　沐浴球　牙刷　包　旅行箱　雨伞　腰带

（2）自己选择一个物品，看看用代一代的方法能得到什么发明？

10 搬一搬

现有物品能否搬到别的条件下去应用？或者能否把现有的原理、技术、结构、方法等搬到别的场合去应用？

搬一搬，可以看作移植思维，也就是把某一领域的科学技术成果运用到其他领域的一种创造性思维方法。

创新思维与发明

第五章 思考问题的方法与训练

事例分享

★ 把放大镜搬到指甲刀上，发明了带放大镜功能的指甲刀，解决了剪指甲时看不清楚指甲的问题。

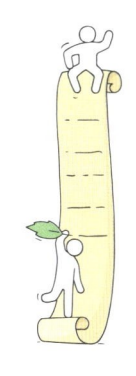

带放大镜功能的指甲刀

★ 用嘴吹气会发声，把这个方法搬到水壶口上，就产生了能自动报告水烧开了的报警水壶。

★ 把电热装置安装到毯子上，发明了电热毯；把这种装置搬到衣裤等穿着上去，于是接连发明出电热衣、电热裤、电热袜、电热鞋、电热手套等诸多用品。

应用移植发明法，就是将其他领域中相关或不相关的技术等内容借鉴过来，比如方法、原理、材料、结构、用途等方面的移植。

发挥你的想象力，找出更多的移植类型。

思考与训练

（1）把手机的通信功能、灯的照明功能搬到以下物品上，试试看能出现什么新的物品？

灯罩 茶杯 自行车 梳子 插座 充电器 牙刷 锅 旅行箱 打印机 键盘

（2）自己选择一个物品，看看用搬一搬的方法能得到什么发明？

051

反一反

现有物品的原理、方法、结构、用途等能否颠倒过来？

反一反，可以看作逆向思维法，就是指人们为达到一定目标，从相反的角度来思考问题，从而引导、启发思维的方法。

事例分享

★ 去动物园是我们看关在笼子里的动物，而去野生动物园是我们在一个铁笼子车里，外面的动物看我们，当然也是我们看动物。

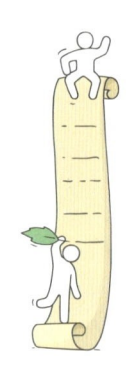

★ 电可以产生磁，磁也可以产生电，这叫电磁感应现象。那么对于任何一个原理，有没有这种互逆可能性？

★ 改变木头静与动的加工状态，人们发明了电刨。过去木匠用锯和刨来加工木头，都是木头不动工具动（实际上是人操作）。这样做，人的体力消耗较大。为了改变这一状况，人们从工具不动、木头动的角度出发，设计发明了电刨，从而大大提高了生产效率和工艺水平，减轻了劳动量。

★ 野外攀岩具有危险性，攀岩就是人动岩壁不动，我们把岩壁改为运动的，就发明了攀岩运动机。人在向上攀岩的过程中，岩壁在向下运动，人的位置相对不动，既能体验到攀岩运动的乐趣又安全。

攀岩运动机

创新思维与发明

★打篮球时，篮筐是空的，篮球向篮筐里投；打羽毛球时，羽毛球拍是网状的，球拍寻找羽毛球。

为了实现发明过程中的某项目标，可以"背叛"常规解决问题的方法，通过逆向思考来解决问题。

思考与训练

（1）逆向的方向有很多，比如正反、上下、左右、前后、横竖、里外，还有人的观念方面的，比如行与不行，你还能总结出哪些逆向的方向？

（2）用逆向思维法对下列物品实施发明。

桌子　椅子　炉子　热水器

12 定一定

对现有事物的数量或程度变化设定界限、标准。

定一定的思维方法属于标准思维，我们做任何事情都有一个标准，定一定的思维方法告诉我们，在思考问题时可以先人为地设定一个标准和界限。

事例分享

★煎鸡蛋时，鸡蛋会平铺在油锅里，占据的面积大小不一。在饭店里，为了在短时间内煎出更多的鸡蛋，人们选择了定一定的方法，就是给每一个鸡蛋固定了一个大小，做成了一个圆环，鸡蛋只能打在这个圆环内来煎熟。这个圆环解决了煎出的鸡蛋大小不一的问题，既提高了煎锅的使用效率，又提高了单位面积的煎蛋数量。

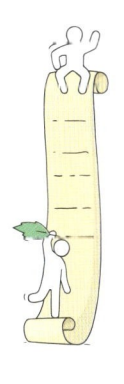

能固定煎鸡蛋大小的圆环

★ 为了交通顺畅，制定了交通规则，在十字路口设立了交通信号灯，并规定红灯停、绿灯行。

★ 为了测量长度，制定了长度单位；为了测量质量，制定了质量单位；为了界定时间，制定了时间单位和计量方法。

做任何事都有标准，标准思维是做好工作的一种重要思维方式。

思考与训练

（1）请说出生活中遇到的标准，不少于三个。

（2）请说出自己生活、学习中没有标准的事情。

（3）针对一个新事物，你能不能给它制定新的标准？

第六章

发明的步骤

在掌握了发明的知识结构，拥有了创新能力以后，你就会想如何发明，发明的步骤有哪些，在每一步上都应该怎么做。当我们掌握发明的步骤以后，就会更好地开展发明工作。

发明怎么做呢？有步骤吗？

第六章
发明的步骤

掌握发明的实践操作步骤，可以有效避免发明中的失误，提高发明的效率和质量，更有利于发明工作的开展。

发明的实践操作一般有以下十个步骤：

第一步 发明选题；

第二步 寻找突破点；

第三步 选择突破点；

第四步 提出技术方案；

第五步 实施专利检索；

第六步 选择当前最佳技术方案；

第七步 申请专利；

第八步 制作模型（小试、中试）；

第九步 完善产品，实施生产经营；

第十步 继续提高。

1 发明选题

发明选题，也就是你想发明什么，可以采用发明的选题方法选择发明选题。

例如：采用需要联想类发明选题，我们选择"棋"，可以是围棋、象棋、国际象棋、军棋等，也可以是想到的任何棋类。

（1）选题的方向。

只要不违背社会公德，符合专利法的要求，任何物品都可作为发明的选题，任何方向都可以作为发明选题的方向。

（2）选题的目标。

确定目标时，先将目标分解，一步一步去做，一个目标一个目标去实现。

（3）选题的实施。

要量力而行，选择可以实施的方向去做。

（4）选题的改进。

不同的选题对应不同的产品，它们的市场价值是不一样的。选题不是一成不变的，选题可以改变，选题的方向也是可以改变的。

2 寻找突破点

寻找突破点，就是寻找发明的方向、提出问题的方向。

在发明的方向上可以选择思想类发明、组合类发明或移植类发明。这些发明类型是同学们能够做到的。

在寻找发明方向时可以将思维方法与选题结合。例如针对改一改，可以寻找象棋的缺点去改：晚上光线不好不能下棋怎么改；下棋时想让更多的人观看怎么改；怎样让棋子更好地固定等。

3 选择突破点

选择突破点，就是选择哪一个方向。

此时要尽可能地把所有能想到的方向都提出来，越多越好。

针对提出的这些方向，判断哪些是现在你能够做的，哪些是将来能够做的。

例如，带灯的棋，是可以实现的，既可以在棋子上加灯，也可以在棋盘上加灯。

4 提出技术方案

针对你选择的突破点和设计方向，看能提出哪些具体的技术方案。此时提出的技术方案就是你最原始的想法。

此时的技术方案不要考虑有没有价值，可行不可行等问题。在提出技术方案时，要把你原始的想法尽可能全地提出来，并记下来，记录方案时不要考虑格式，不要考虑文字是否通顺，需要做的就是把所有能想到的全部记下来。最后把所有的技术方案汇总完善，形成一个或几个技术方案。

5 实施专利检索

对提出的技术方案进行专利检索，看在你之前有没有同类技术申请专利，判断技术方案的新颖性，看之前的同类技术有无可以借鉴学习的地方，同时根据已有的技术方案修改完善自己的技术方案，要避开对方专利的保护范围，避免侵权。

6 选择当前最佳技术方案

发明是有阶段性的，在现阶段选出你发明的最佳技术方案；发明是有层次的，要在各个层次上选择最佳方案。

产品发明的最佳方案可以根据市场的状况分为不同地区、不同时间、不同标准实施产品的发明。例如冰箱的各种型号，彩电的各种型号，手机的各种型号、品牌等。

7 申请专利

选择合适的技术方案申请专利，在可能的情况下，要把所有的技术方案都申请专利，以形成对这个技术完整的专利保护。

8 制作模型（小试、中试）

专利产品要投放市场，必须把技术方案变成产品，并使之完善，形成符合一定技术标准的产品后才能投放市场。

为了达到这个效果,要对专利产品实施小试、中试等工作,也就是先做出样品,再完善样品做成产品,之后完善产品做成合格的具有一定标准的产品,才能投放市场。

9 完善产品,实施生产经营

当有了产品标准后,所制作的产品就变成了合格产品,就可以投放市场了。

10 继续提高

提高是全方位的,既有设计方面的提高,又有技术水平的提高,这样才能保证产品的稳定发展。

发明的实践操作是在发明过程中总结的一些经验,仅有指导性,并不是非得这样做才可以有发明,发明的步骤也是可以调整的。

每个人在发明过程中可以根据自己的感悟、自己的思想,按照自己的设想实施发明,不断总结并完善经验,而不要一味僵化地去实施。

思考与训练

(1)你对发明的实践操作还有哪些感悟?

(2)设计一个产品,需要哪些步骤?请你完善发明的操作步骤。